水环境与水生态科普丛书

丛书主编 曲久辉

污水中有哪些资源

曲久辉 主编

U0249706

中国建筑工业出版社

图书在版编目（CIP）数据

污水中有哪些资源/曲久辉主编. —北京：中国
建筑工业出版社，2023.12
（水环境与水生态科普丛书）
ISBN 978-7-112-29406-0

Ⅰ.①污… Ⅱ.①曲… Ⅲ.①污水处理—普及读物②
废水综合利用—普及读物 Ⅳ.①X703-49

中国国家版本馆CIP数据核字（2023）第228028号

　　《污水中有哪些资源》是一本科普读物。全书共有5部分内容，包括：污水的产生及
特性，污水处理，污水及污泥资源化，新概念污水处理厂，名词解释。通过小龙老师和
记者的对话，科学讲述污水及其再生、资源化、能源化和水质安全的内容，向读者普及
相关知识。本书适合中小学生以及对水环境与水生态有兴趣的读者阅读。

责任编辑：张伯熙　石枫华
文字编辑：沈文帅
书籍设计：锋尚设计
责任校对：姜小莲
校对整理：李辰馨
插图绘制：重庆阿尔几比动漫
　　　　　设计有限公司

水环境与水生态科普丛书
丛书主编　曲久辉

污水中有哪些资源

曲久辉　主编

*

中国建筑工业出版社出版、发行（北京海淀三里河路9号）
各地新华书店、建筑书店经销
北京锋尚制版有限公司制版
北京富诚彩色印刷有限公司印刷

*

开本：889毫米×1194毫米　1/20　印张：3⅘　字数：58千字
2024年1月第一版　2024年1月第一次印刷
定价：**45.00**元
ISBN 978-7-112-29406-0
（42143）

本书编委会

主　编

曲久辉

副主编

俞汉青　谢珍珍　赖　波

编　委

刘　元　吕　慧　何传书　陈湘静　吴昌敏

组织编写单位

中关村汉德环境观察研究所

中国城市科学研究会水环境与水生态分会

前言

　　读者朋友，您怎么看待污水呢？它是脏物、废物，还是可再生资源？无论您怎么认为，这本小小的科普读物都值得一读。

　　历史和现实都有很多案例表明，没有经过妥善处理就排放的污水是环境污染的重要来源，它会造成生态安全隐患，对人类健康也会产生一定的负面影响。大家熟知的英国伦敦泰晤士河污染事件，就是因为大量排放污水，导致环境污染，引发霍乱疫情，从而造成大量人员死亡。近年来，我国普遍出现的城市水体黑臭问题，也多与未经过处理的污水进入水体有关。因此，加强污水处理，对保护生态环境，保障人类健康，促进社会经济可持续发展具有重要意义。

　　事实上，污水还有常常被人们忽视的一面——它可以是有用的资源。污水再生后能成为稳定而清洁的水资源，我们可以把它净化并排放到所需要的水体中去，用于工业、农业、市政和生态补水等；如果有效利用再生水，可以满足城市约50%的水资源需求，大大缓解缺水城市的水资源危机，所以它也被称为城市的第二水资源。同时，污水中含有氮、磷等元素，经过回收，可以被制成生态肥料，用于绿色农业；水中的有机碳还可以通过生物发酵转化为能源。污水中水、能、物的循环与利用，是人类文明进步的重要标志，也会使我们的家园变得更美好。

　　为了使人们更好地了解污水，我们组织编写了《污水中有哪些资源》，试图通过对污水及其再生、资源化、能源化和水质安全等方面的简要且通俗的叙述，向读者传播科学知识，介绍水污染治理的科学理念和新路径。

目录

污水的产生
及特性

喝水

洗衣服

拖地

做饭

灌溉农田

水是生命之源，水和我们的生活息息相关。

为了更好地宣传环境保护理念，许多专业人士、热心群众积极投入环境保护宣传工作中，成为义务宣传员，小龙老师和记者就是宣传员代表。下面，由小龙老师和记者带领我们一起了解"与污水有关的科学知识"。

水的自然循环过程

同学们，水无处不在，而且自然界中的水可以循环哦。

湖泊水体自净过程

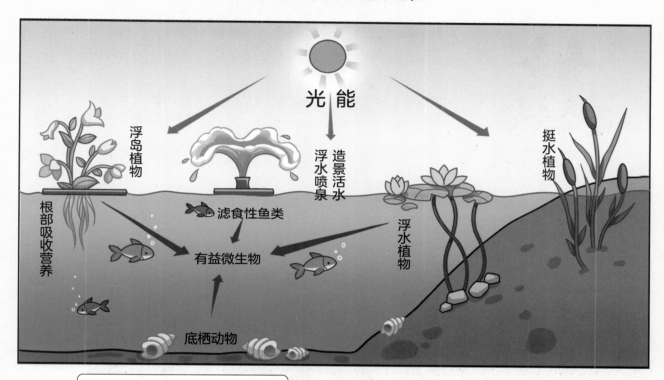

小龙老师，我们使用过的水被排放到自然界后，可以重新变为干净的水吗？

可以哦。我们把使用后并且被污染的水称作"污水"。水体可以通过自然界的循环系统实现自我净化，也就是说，即使人类将污水排放到自然水域中，自然水体也可以将污水中的污染物质降解，使污水变为干净的水。

但凡事都有一个度。如果人类排放的污水越来越多，超过了水体的净化能力，水体污染就会越来越严重。

污水是怎样产生的，又将会去哪里？让我们一起来看看污水的"前世今生"吧。

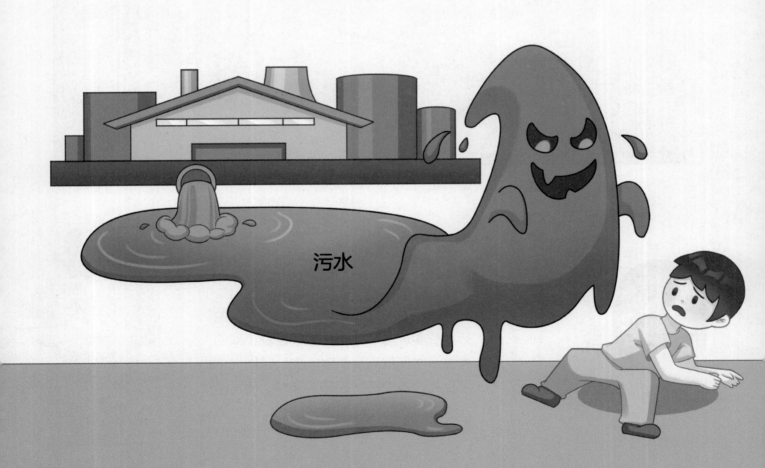

污水

我们可以根据污水的来源和它们的物理、化学性质，将其分为生活污水、生产污水、特殊污水。

生活污水　　　　　　生产污水　　　　　　特殊污水

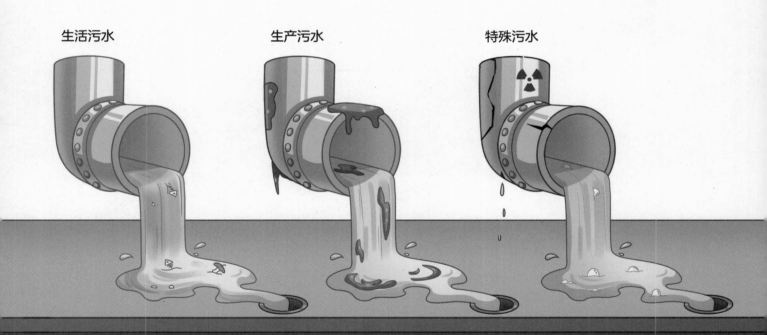

人们在上厕所、洗澡、洗手，以及做饭时用过的水，属于生活污水。

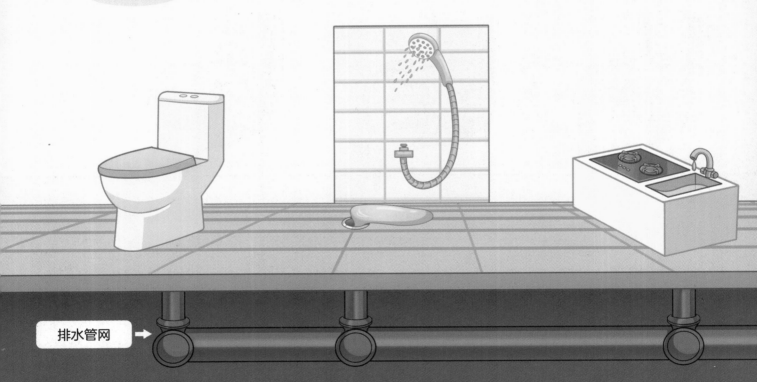

排水管网 →

小龙老师，除了生活污水，人们的生产活动也会产生污水吗？

对，我们日常生活所必需的衣服、药物、洗漱用品等在生产过程中也会产生污水，这些污水属于生产污水。同学们要注意，这些污水的成分复杂，大多具有危害性，很难通过自然界的循环变清洁。

11

医院是产生污水的主要场所之一。

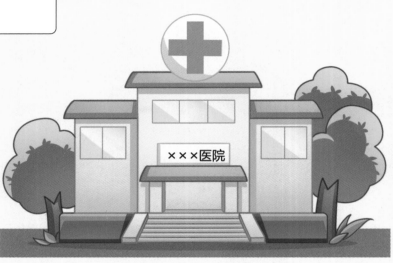

×××医院

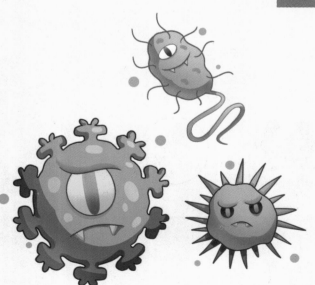

医院产生的污水通常含有医药类污染物、病原微生物、放射性污染物等有毒有害物质。

病毒属于病原微生物，我们用肉眼看不到它们，但是可以通过显微镜观察到病毒，它们有各种各样的形状呢。

小龙老师，听您这样讲解，我们才明白，原来人类的活动可以产生这么多种类的污水啊！

是啊，污水有很多分类，在各类污水中生活污水的占比最大。它含有一定浓度的蛋白质、脂肪、碳水化合物等有机物，以及氮、磷等元素，也含有微量的药品和个人护理用品（PPCPs）、多环芳烃（PAHs）、内分泌干扰素（EDCs）、全氟化物等新兴污染物。

污水中的成分复杂多样，我们怎么知道污水中各种物质的具体含量呢？

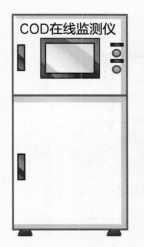

COD在线监测仪

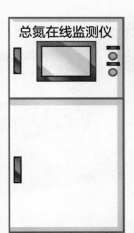

总氮在线监测仪

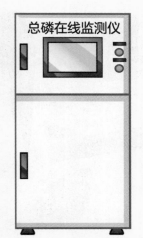

总磷在线监测仪

pH在线监测仪

这就需要我们借助先进的环境仪器分析手段啦！专家们开发了用于实验室检测的仪器，也开发出可以在线实时监测化学需氧量（COD）、酸碱度（pH）、总氮含量、总磷含量的仪器。将这些在线监测仪器安装在污水流过的地方，我们就能够及时知道污水主要成分的变化啦！

哇，好神奇啊！科技真的给我们的生活带来极大的便利。小龙老师，您前面提到医院污水中含有各种各样的医药类污染物，怎么检测这些污染物的种类和含量呢？

医药类污染物的含量一般都较低，借助常规的在线检测手段难以将它们识别，但是我们可以借助更加精密、更加灵敏的仪器识别医院污水中药物的成分和含量哦，例如使用气相色谱—质谱仪、高效液相色谱—质谱仪等。同学们感兴趣的话，可以详细了解这些仪器是如何检测低浓度污染物的。

小龙老师，我刚刚了解了，检测污水中的医药类污染物过程比较复杂，对操作人员的要求也很高。我们检测医药类污染物有什么用处呢？

污水水质所提供的信息也是一种资源哦。例如，人们服用或注射药物后，药物的代谢产物会随尿液和粪便进入污水。技术人员分析代谢产物的种类和浓度变化，就能知道某一区域药物的使用情况啦。

水质信息资源好神奇呀！这些信息还有什么用处呢？

污水样本中的甲基苯丙胺（俗称冰毒）含量异常，我们判断，目标区域内有可能存在制毒窝点。

污水毒品检测仪

用处可多啦！比如，水质信息里面可能还隐藏着关于毒品的重要线索。禁毒民警通过检测城市污水中的毒品含量，可以很快排查出制毒窝点，锁定嫌疑人！

18

小龙老师，如果污水不经过处理就直接排放，会产生什么危害呢？

　　未经过处理的污水被排放到自然水体，会造成环境污染！因为污水中含有过量的氮、磷等元素，给水体中的植物、微生物提供丰富的营养，植物、微生物会疯狂生长，造成湖泊或河道富营养化，产生黑臭水体。

小龙老师，河流湖泊等自然水体中生活着许多鱼类，污水的直接排放会对它们产生影响吗？

当然会呀！污水的直接排放会使水中的化学污染物等有害物质浓度升高，可能会危害鱼类的生殖系统健康，导致生殖遗传不正常。水质变差和栖息环境恶化，鱼类会生病（例如弯体病、气泡病）、行为异常（例如异常兴奋）甚至死亡，存活率会大大降低。

将污水直接排放真的好可怕啊！我们人类会不会也受到影响呢？

当然会，被污染的河流和湖泊等也会危害人类健康。英国大名鼎鼎的泰晤士河，在19世纪，严重的水污染使它变脏、变黑，水生生物基本绝迹，泰晤士河变成了无生命的"死河"，也使得伦敦四次流行霍乱，1848年的霍乱导致1万余人死亡。后来，英国政府痛定思痛，花费多年时间和数亿英镑治理泰晤士河，才使泰晤士河重新变清澈。

还有美国拉夫运河事件，你们听说过吗？1942～1953年，美国纽约州胡克电化学公司往拉夫运河倾倒2万多吨工业废弃物，使拉夫运河受到严重污染。几十年后，当地大约950户居民被迫撤离家园，污染物清除和居民撤离工作花费数亿美元。

污水对人体和自然环境都有害，我们有没有办法让污水重新变干净呢？

不要担心哦，环境科学家们已经开发了多种污水处理技术。我们不仅可以利用这些技术将污水变干净，还能将污水里面的物质变为对人类有价值的资源。下面，我要向大家介绍人类是如何处理污水的。

污水处理

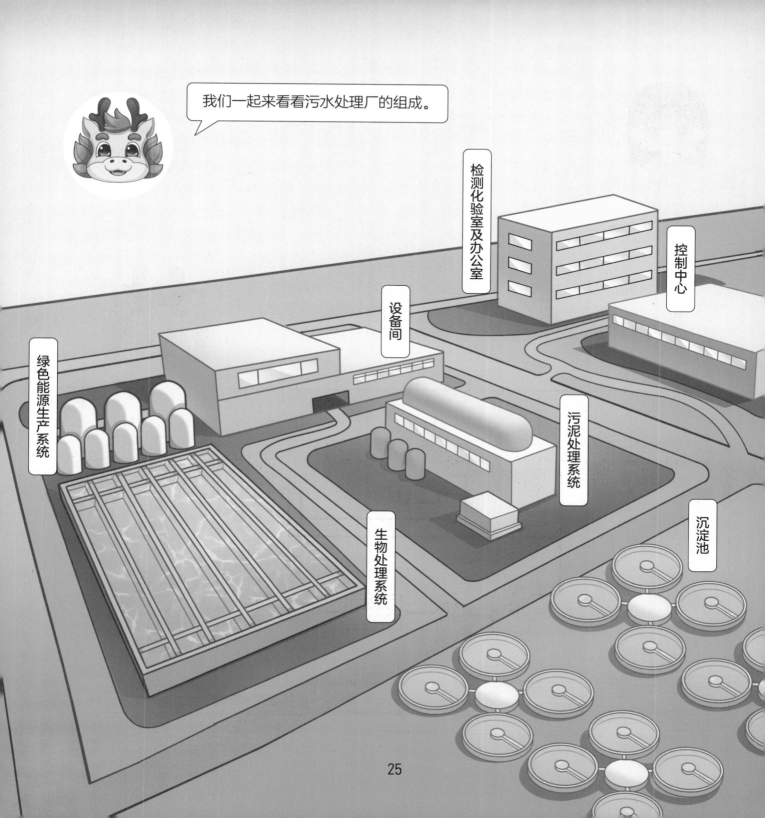

小龙老师，污水处理厂是什么样的工厂？

污水处理厂可是一个变废为宝的"神奇工厂"！它有两个作用：一是将污水中的污染物去除，产生干净的水；二是将污水里的资源回收再利用。让我们来看看这个"神奇工厂"是如何运行的吧！

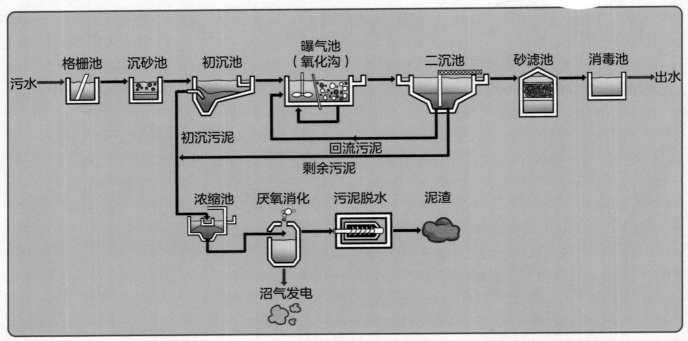

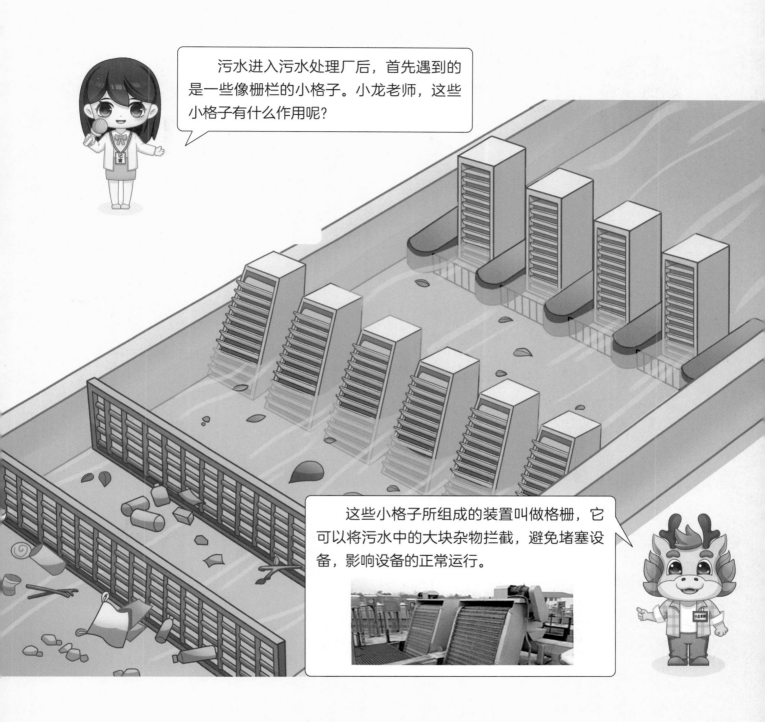

污水进入污水处理厂后，首先遇到的是一些像栅栏的小格子。小龙老师，这些小格子有什么作用呢？

这些小格子所组成的装置叫做格栅，它可以将污水中的大块杂物拦截，避免堵塞设备，影响设备的正常运行。

污水经过格栅池和沉砂池去除大颗粒杂质和砂石后，会流入一个大池子，在这个池子中水流变慢了很多。小龙老师，这个池子能发挥什么作用呢？

初沉池

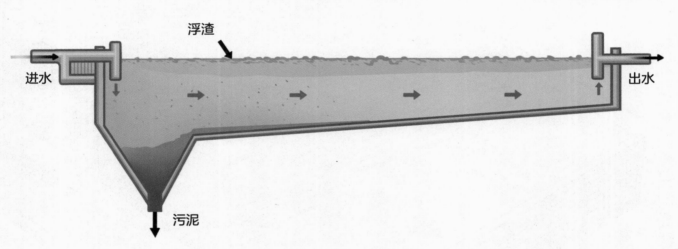

浮渣

进水

出水

污泥

这个大池子叫做初沉池，可以让污水中一些密度较大的固体悬浮颗粒物，如泥沙、碎屑、食物残渣等沉降到池底，然后分离去除。接下来，污水进入氧化沟。

对生活污水中有机污染物的处理多采用好氧、厌氧等结合的生物方法，氧化沟是一种常用的生物处理工艺。

小龙老师，氧化沟的池子弯弯曲曲，为什么有的地方在冒泡，而有的地方却很平静？

活性污泥

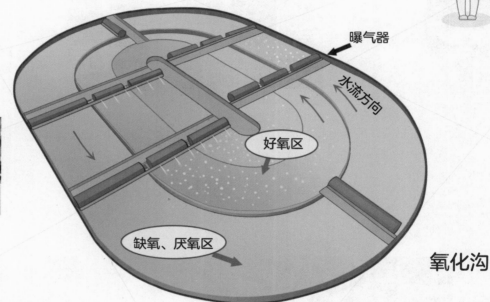

曝气器

水流方向

好氧区

缺氧、厌氧区

氧化沟

在氧化沟里，含有微生物的"活性污泥"辛勤地工作着。在好氧区，气泵把空气鼓入水里形成气泡，这里生活着喜欢氧气的微生物，它们将有机污染物转化成二氧化碳和水；而在缺氧、厌氧区，污水里氧气含量低，在这里，不喜欢氧气的微生物会将含氮有机污染物转化成氮气。

小龙老师，这个神奇的活性污泥是什么东西呀？

活性污泥看上去像是悬浮的泥土，其实它是由许多我们用肉眼看不见的微生物组成的哟。让我们看看里面有什么样的微生物吧！

活性污泥

杆状菌

丝状菌

球状菌

 累枝虫

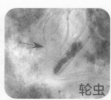 轮虫

 草履虫

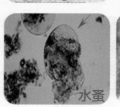 水蚤

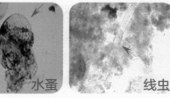 线虫

 摇蚊幼虫

活性污泥中居然有这么多微生物！这些微生物怎么把污水中的污染物去除呢？

去除污染物的方法有很多种！像一些大分子的糖类和磷污染物，会被微生物分解、吸收，储存到污泥，而一些氮污染物会被转化，变成氮气进入到空气。

31

小龙老师，氧化沟里的水和污泥是混合在一起的，我们怎样才能得到清水呢？

活性污泥沉降时间

初始状态　5分钟　30分钟

二沉池

出水

进水

污泥

这就需要二沉池发挥作用啦！污水来到二沉池，其中的污泥会沉降到池子底部，而上层的清水则会流到下一级的处理装置。

小龙老师，二沉池产生的污泥要怎么处理呢？

污泥压缩脱水车间

在经过前面一系列的处理后，许多剩下的污泥被送到厌氧消化单元进行处理，然后再进入污泥压缩脱水车间。在这里，污泥的体积将被压缩，以便运输和下一步处理。

小龙老师，从二沉池流出来的水看上去很干净了，为什么还需要进入接下来的砂滤池和消毒池进行处理？

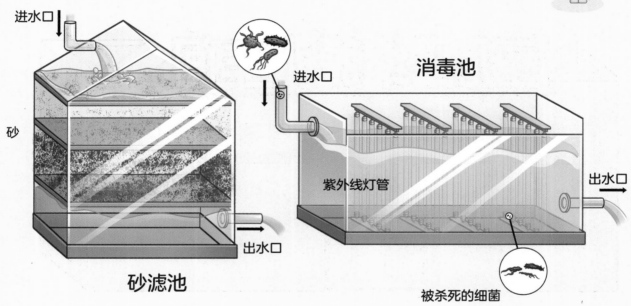

进水口

砂

出水口

砂滤池

进水口

消毒池

紫外线灯管

出水口

被杀死的细菌

从二沉池流出来的水虽然看起来干净，但是还是有少量污染物、病毒、细菌残留。接下来，砂滤池和消毒池就派上用场啦！砂滤池可以过滤其中大部分的污染物，消毒池则可以有效杀死病毒、细菌。

小龙老师，除了可以通过污水处理厂净化污水，还有其他净化污水的方式吗？

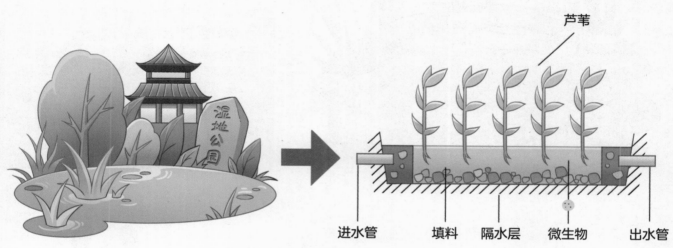

芦苇

进水管　　填料　　隔水层　　微生物　　出水管

神奇的大自然也有净化污水的能力！你们看，湿地就是一种自然的水体净化系统，由湿地植物、微生物、土壤和碎石等组成的复杂生态系统，可以通过多种物理、化学和生物作用去除、分解污染物。我们国家有很多湿地公园，例如，甘肃张掖国家湿地公园、重庆秀湖国家湿地公园。

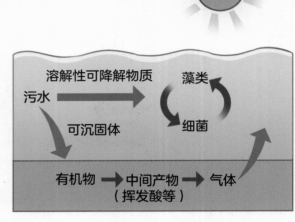

溶解性可降解物质

污水 → 藻类

可沉固体 → 细菌

有机物 → 中间产物 → 气体
（挥发酸等）

　　大家知道稳定塘么？它也可以利用天然净化能力处理污水。稳定塘以太阳能为初始能量，人们通过在塘中种植的水生植物，进行水产水禽养殖，形成人工生态系统，将进入塘中的污染物降解去除，水生植物和水产水禽也可以作为资源被回收哦。

污水及污泥资源化

从前面的介绍中，我们了解了污水处理厂是怎样净化污水的。那么，它又是怎样"变废为宝"的呢？

污水处理厂不仅能净化污水，还可以生产再生水、绿化用肥、绿色能源，并为制砖提供原材料，是非常有意义的"变废为宝"的工厂。

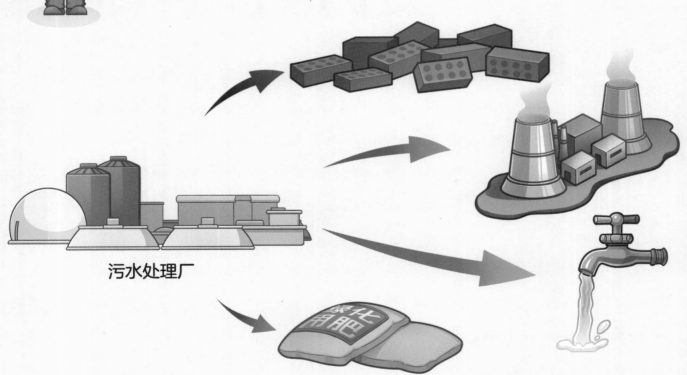

污水处理厂

　　净化后的水也可以用来灌溉林木。在广东省，经过污水处理厂净化的水被用来灌溉桉树。

同学们知道北京奥林匹克公园吗？整个奥林匹克公园每年的用水量超过1700万吨，其中，有一半的水是经过北京清河污水处理厂（现更名为清河再生水厂）净化后的再生水。

41

在以色列，经过污水处理厂净化的水已经广泛地应用在农业生产中，用来灌概农作物。

灌溉农作物

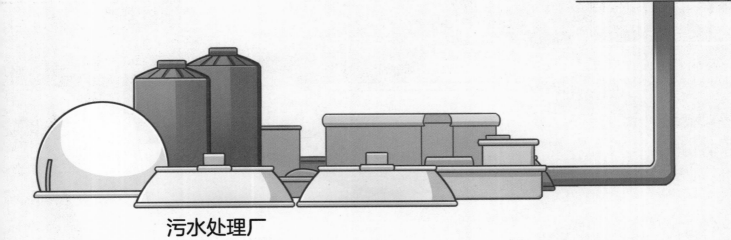

污水处理厂

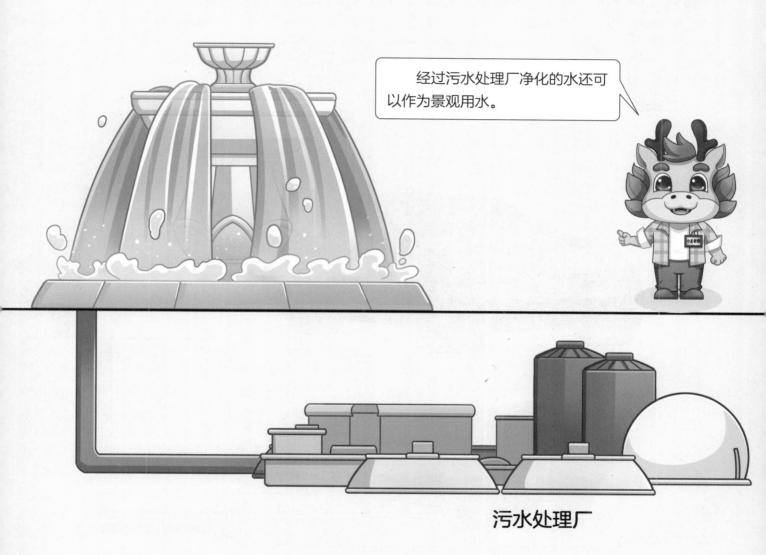

经过污水处理厂净化的水还可以作为景观用水。

污水处理厂

经过污水处理厂净化的水也可以用来洗车。

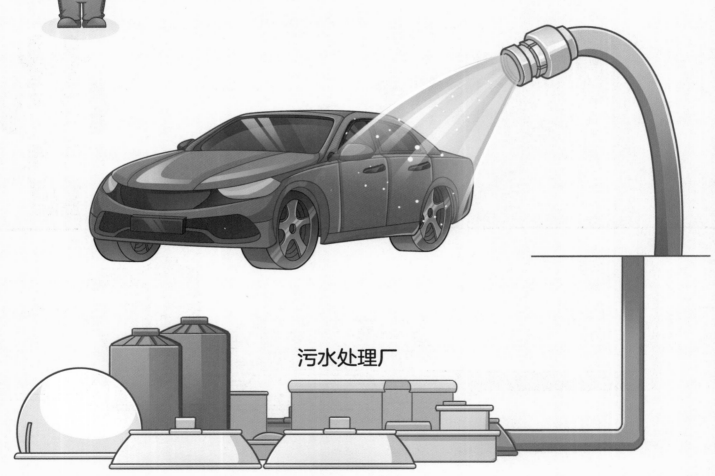

污水处理厂

大家很容易想到，可以用净化后的水冲厕所。我们开动脑筋思考，净化后的水还可以用在哪些地方呢？

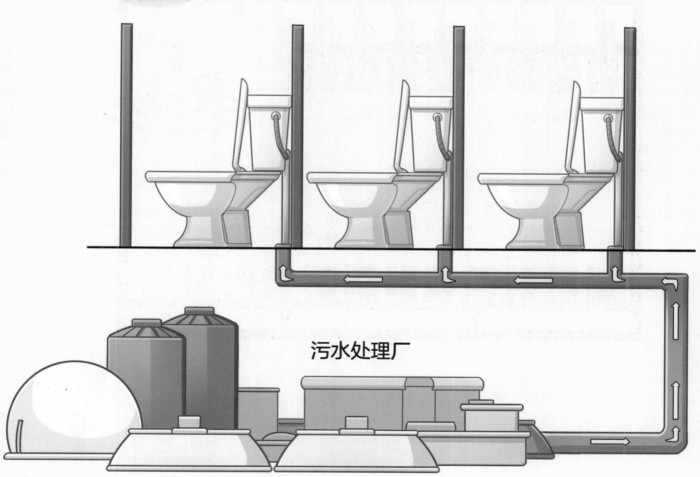

污水处理厂

让我好好思考一下。小龙老师，这些水可以直接饮用吗？

膜处理工艺

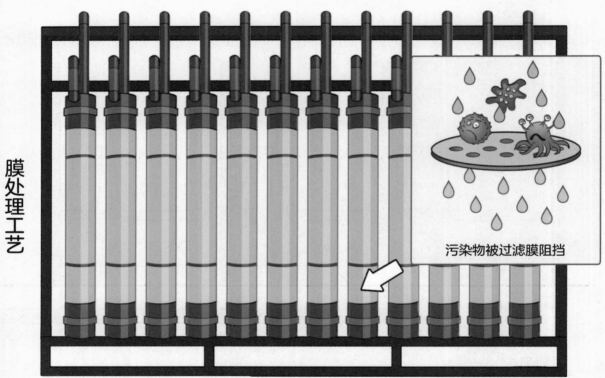

污染物被过滤膜阻挡

还不可以直接饮用呢，但是这些水通过膜处理等工艺深度净化后，可以达到饮用水卫生标准哦！

在有些地区，饮用水受到污染，许多孩子因为喝了不洁净的水而患病死去。国际公益组织为了改善不发达地区的卫生条件，资助开发了处理污水和污染物的新技术。确保经过净化的水，可以安全饮用，不会让孩子再生病。

污水　　饮用水

哇，净化后的水真的可以饮用呢！

　　对。大家知道新加坡吧？新加坡是一个四面环海的国家，也是一个缺乏淡水的国家。新加坡采用先进净水技术建造多座新生水厂，其产生的清洁水与自然水源混合后被进一步处理成优质的饮用水，能够满足约30%的用水需求。

NEWater

小龙老师，经过污水处理厂净化的水有这么多用处，污水处理过程中产生的污泥又有什么用呢？

多孔节能砖

污泥

含水率80%

摊铺机翻抛晾晒

窑炉高温煅烧

污泥也有很多的用处呢。我们可以将污泥进行脱水和无害化处理，然后就能把它们制作成砖盖房子啦。

对了，污泥也可以用来生产清洁能源哦。只需对它们进行厌氧微生物的处理，就可以产生沼气！沼气是一种可再生的清洁能源，我们可以用它燃烧发电呢。

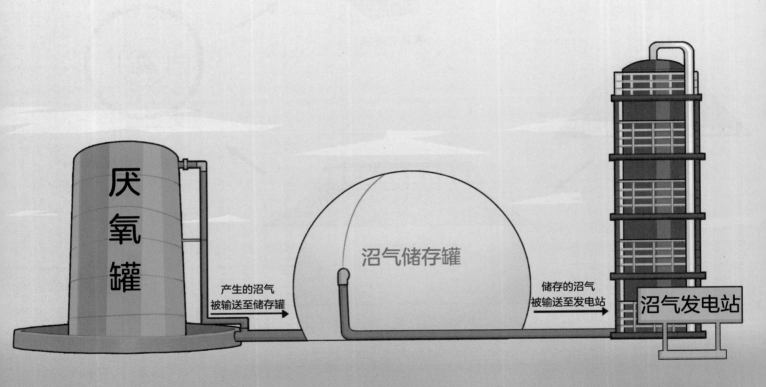

厌氧罐

产生的沼气
被输送至储存罐

沼气储存罐

储存的沼气
被输送至发电站

沼气发电站

小龙老师，燃烧沼气发的电，主要用途是什么呢?

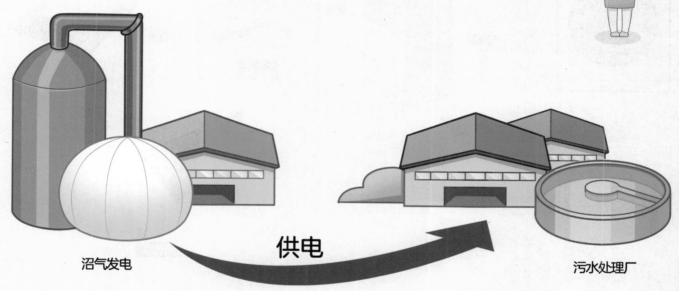

供电

沼气发电

污水处理厂

主要是为污水处理厂相关设备的运行提供电能。

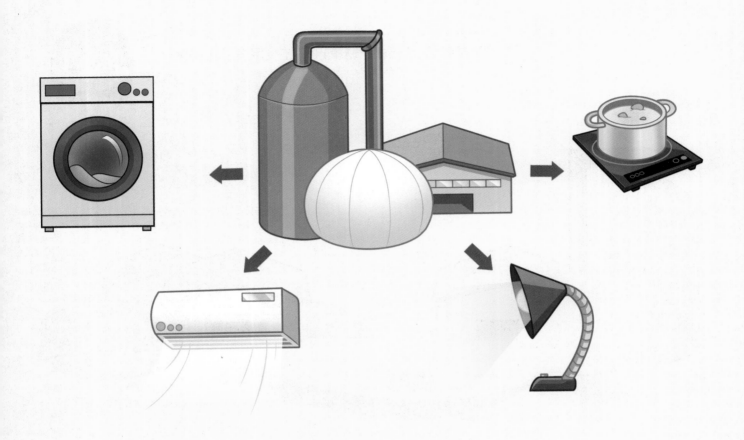

沼气燃烧发的电也可以用于日常照明、做饭、使用空调、洗衣服。

如果按照我国每年排放污水量600亿吨计算，其中，可回收的资源大约有：360亿吨水，80亿立方米沼气，570万吨肥料。

360亿吨水

中国每年城市供水量超过1100亿吨，回收水可补偿1/3的城市用水量

80亿立方米沼气

中国每年天然气用量约4000亿立方米，回收的沼气占比为2%

570万吨肥料

污水排放量600亿吨/年

原来污水里竟然有这么多资源啊！

对哦，可不要小瞧污水。我们可以总结一个公式：经过处理的水＝干净的水＋资源。

洒 水 车

新概念污水
处理厂

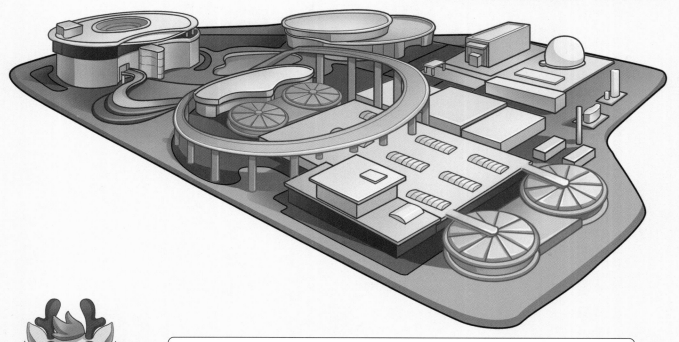

随着科学技术的不断发展，如今的污水处理厂也变得越来越智能化。在中国城市污水处理概念厂专家委员会大力指导下，在江苏宜兴，已经建成我国首座城市污水资源概念厂（简称污水资源概念厂）。

小龙老师，污水资源概念厂是什么工厂？它和一般的污水处理厂有什么不同呢？

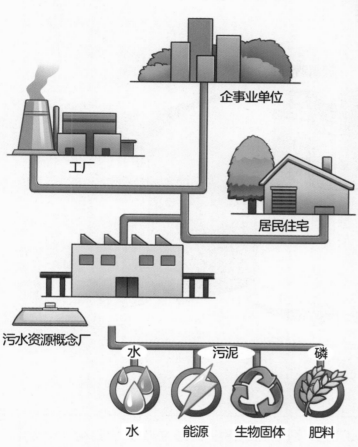

企事业单位

工厂

居民住宅

污水资源概念厂

水　污泥　磷

水　能源　生物固体　肥料

污水资源概念厂是可以将污染物削减基本功能扩展至城市能源工厂、水源工厂、肥料工厂，进而再发展为与城市和乡村全方位融合、互利共生的新型环境基础设施。它与传统污水处理厂的不同之处是：污水资源概念厂可以实现水资源循环、能源和资源循环、生态环境质量改善。

污水资源概念厂居然有这么神奇的功能！它是如何做到能源自给的呢？

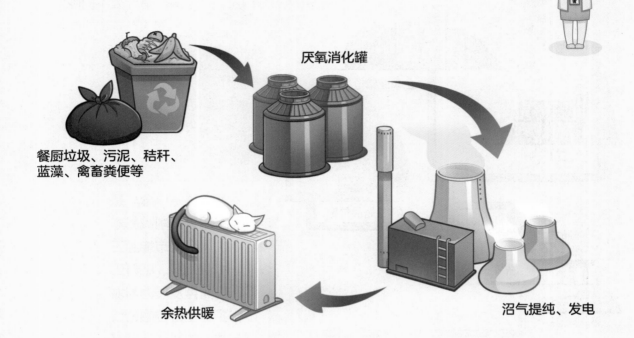

厌氧消化罐

餐厨垃圾、污泥、秸秆、蓝藻、禽畜粪便等

余热供暖

沼气提纯、发电

宜兴污水资源概念厂设置了"有机质协同处理中心"，它的运行理念是"减有机废弃物的污，降污水处理厂的碳"。在污水处理过程中，剩下很多污泥。"有机质协同处理中心"将污泥与平日收集的餐厨垃圾、秸秆、蓝藻、畜禽粪便等有机废物混合，进行厌氧发酵。发酵产生的沼气可以用于发电，而发电产生的余热又可以用于高温干式厌氧供热及厂区冬季供暖。

小龙老师，宜兴污水资源概念厂在2021年10月正式运行，现在宜兴污水资源概念厂在能源自给方面取得了哪些可喜的成绩呢？

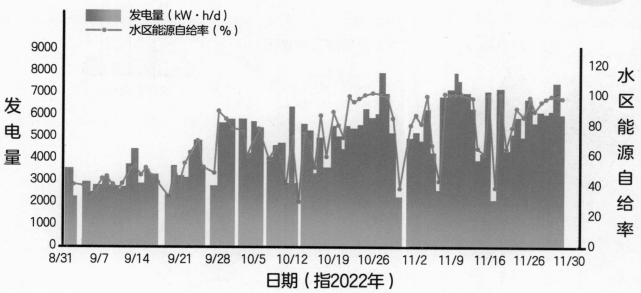

图例：
- 发电量（kW·h/d）
- 水区能源自给率（%）

纵轴左：发电量（9000, 8000, 7000, 6000, 5000, 4000, 3000, 2000, 1000, 0）

纵轴右：水区能源自给率（120, 100, 80, 60, 40, 20, 0）

横轴：日期（指2022年）（8/31, 9/7, 9/14, 9/21, 9/28, 10/5, 10/12, 10/19, 10/26, 11/2, 11/9, 11/16, 11/26, 11/30）

宜兴污水资源概念厂目前日均发电量已达6000kW·h/d（0.32～0.35kW·h/m³），这是一个极具标志意义的数据。它不仅大幅超越了我国现有传统污水处理厂的能源回收效率，甚至也达到了发达国家污水处理厂的能源回收水平（日均发电量0.35kW·h/m³）。宜兴污水资源概念厂通过在资源收储、设备配置和工艺等方面的持续优化，目前已实现了厂区内总能源65%～85%的自给率，水质净化中心更是实现了100%能源自给。

小龙老师，水质净化是污水处理厂的基本功能，那么污水资源概念厂的水质净化能力如何呢？

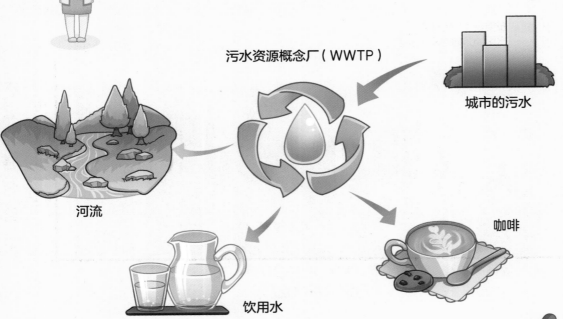

污水资源概念厂（WWTP）

城市的污水

河流

饮用水

咖啡

以宜兴污水资源概念厂为例，它的特别之处在于，可以用较短流程极限去除水中污染物。每天，有2万吨左右的生活污水进入水质净化中心，经过一系列耦合技术处理后，被直接排入附近的湖泊和河流，流入宜兴市的团氿、东氿，直至太湖。你看，我们现在喝的"永续水"（Water X）就是经过污水资源概念厂处理的"污水"。

小龙老师，污水资源概念厂是如何促进生态环境质量提高呢？

"远观是工厂，近看像公园"，污水资源概念厂可以完全颠覆大家对传统污水处理厂的认知。厂区里的水质净化设施都加了盖子，并在旁边装有臭气处理装置，所以在这里，没有脏乱的环境，没有污水的臭味，没有设备的轰鸣。漫步在污水资源概念厂，只见环廊相接、绿草如茵、池塘清浅，远处水田如镜、阡陌纵横，一派秀美的江南风光。你瞧，还有老爷爷在那里钓鱼呢！

我相信未来的污水处理厂可以帮助人们更好地实现"水质永续、能量自给、资源循环、环境友好"的美好愿景。

通过前面的介绍，我们了解到污水中含有水、氮、磷和有机物等物质，是"放错地方的资源"哦。经过环境学者的共同努力研究，我们已经可以在将污水净化的同时，回收宝贵的资源。

经过污水处理厂处理后的再生水可以用于灌溉、洗车、景观用水、冲洗厕所等，如果经过深度处理还可以直接饮用呢。用于污水处理的活性污泥可以生产有价值的绿化用肥、建筑材料、沼气，让"放错地方的资源"变废为宝。

污水可以是宝贵资源，但如果管理和使用不当也是污染源。因此，我们要节约用水，少产生污水，控制好水的污染，还要努力把污水变成我们的资源和能源。让我们一起努力吧！

名词解释

病毒　是一种可以在其他生物体间传播并感染生物体的微小生物，其结构非常简单，由蛋白质外壳和内部的遗传物质组成。病毒不能独立生存，必须生活在其他生物的细胞内，一旦离开宿主细胞，不表现任何生命活动迹象。病毒个体极其微小，绝大多数要在电子显微镜下才能看到。

初沉池　是处理城市污水中杂质的池子，它有以下主要作用：第一，沉淀固体。初沉池会让污水的流速变慢，固体颗粒和杂质就会停在池子里一段时间。比较重的颗粒会沉到池底，形成污泥层。污泥层包括沙子、泥土、有机物和其他杂质。第二，分离油脂和轻杂质。初沉池还能够把浮沉物分离，比如油脂和其他重量较轻的杂质，会浮到初沉池的表面，形成浮渣层，方便后续处理。第三，减少负担。对于一般的城镇污水，初沉池可以去除40%～55%的悬浮固体和20%～30%的可降解有机物。这样一来，后续的生物处理设备就不用处理那么多污染物，能够更高效地工作。

放射性污染物　是指人类活动排出的具有放射性的污染物，它们会使周围环境的放射水平超过国家规定的标准值。放射性污染物可以破坏人体的中枢神经系统、内分泌系统和血液系统，大量或长期接触放射性污染物，会对人体造成明显的危害，增加人体患癌症的风险，严重的话危及生命。

焚烧发电　是一种将回收的固体废弃物焚烧，从而产生热能并用于发电的方法。以污泥的焚烧发电为例，焚烧的原料一般是经过机械脱水的污泥或它们与煤的混合物。这些原料被破碎处理后进入锅炉焚烧，释放热量，热量会被热回收系统收集，供给发电系统，再将热能转化为电能，产生的电能输入电网可供生产、生活使用。

富营养化　是指水体中存在过量养分，这些养分通常来自生活污水、工业废水排放和农业肥料使用等。这些养分进入水体后，它们就像肥料一样，刺激水中藻类和水生植物过度繁殖，并在水面形成密集的藻类堆积，导致水体呈现绿色或浑浊的状态。虽然这些藻类和水生植物的生长是看似正常的生态过程，但实际上，它们的过度生长会引发一系列环境问题。首先，水面的密集藻类和植物可能阻挡阳光进入水体，影响水生生物的正常生长。其次，藻类死亡后被细菌分解，大量消耗水中的氧气，导致水体缺氧。最后，一些藻类可能分泌毒素，对水生生物和人类健康造成危害。因此，水体富营养化是一种不良现象，破坏水体的生态平衡，影响水质，可能导致水生生物死亡，甚至产生恶臭气味。

黑臭水体　是一种水体环境问题，通常发生在人口密集或工业、农业活动频繁区域的湖泊、河流、池塘或城市下水道中。水体呈现混浊、黑色或棕色，同时散发令人不愉快的恶臭气味。黑臭水体的出现与多种因素有关，其中最主要的因素是有机污染物。有机污染物在水中氧化分解时会消耗氧气，导致水体缺氧。在缺氧条件下，厌氧微生物会生成硫化氢、甲烷、氨气等恶臭物质，进而导致水体出现黑臭现象。

**活性污泥
处理技术**

是一种利用微生物处理污水的技术。微生物是一种非常小的生物，通过放大镜才能看到它们。在活性污泥中，有很多微生物，它们非常活跃，生长旺盛。当污水和活性污泥混合在一起，并通过气泵鼓入氧气时，微生物会非常高效地分解污水里的有机物，吸收或转化氮、磷等元素，产生水和二氧化碳，让水质变得更好。20世纪，英国科学家发明了活性污泥处理技术，现在它是全世界最常用的处理城市污水的技术之一。

**污水验毒
技术**

是一项新的禁毒科技成果。工作人员利用相关检测仪器，可以检测污水中痕量级毒品，不仅如此，基于大数据分析，技术人员还能准确测算出特定区域内滥用毒品的种类、数量、吸毒人员规模等信息，从而为禁毒监测预警、涉毒犯罪精准打击提供强有力的技术支撑！

**膜处理
工艺**

是一种通过半透膜对水进行过滤和分离的技术，去除水中的悬浮物、微生物、有机物和离子等不同大小和类型的污染物，实现水质净化。通过对膜孔洞的大小和性质的设计，可以针对不同污染物进行选择性过滤和分离。常用的微滤膜、超滤膜、纳滤膜和反渗透膜的孔径范围逐渐变小，其可除的物质却越来越多。比如，微滤膜可去除水中较大粒径的悬浮颗粒，超滤膜在此基础上还能去除粒径更小的蛋白质、胶体、微生物和大分子有机物，纳滤膜可进一步去除水中部分离子、小分子有机物，反渗透膜可以有效地拦截除水分子之外的几乎所有的颗粒、溶质。需要注意的是，采用膜处理工艺处理污水时，要预先把污水中的大颗粒物和悬浮物去掉，减轻膜的工作负担。而且，膜容易被污染和堵塞，需要定期清洗和维护。清洗可以用物理方法，比如反冲洗；也可以用化学方法，比如使用清洗剂和消毒剂清除薄膜表面的污垢和杀灭微生物。

清洁能源　又称绿色能源，是能够直接用于生产或生活，且不产生二次污染的能源，与传统化石能源（煤炭、石油等）相比，清洁能源具有可再生、温室气体排放量低、环境友好的特点。太阳能、风能、水能、氢能、核能、潮汐能等都属于清洁能源。以氢能（氢气）为例，除核燃料外，氢气的发热量（又称热值）是所有化石燃料、化工燃料和生物燃料中最高的，并且氢气完全燃烧后会生成水，不产生二氧化碳等温室气体。生成的水通过电解等方法可以再生成氢气，实现资源循环。

深度净化　是指对经过二级处理的城市污水再进行一次处理的过程，以去除水中微量的残留污染物。这些残留污染物主要有氮、磷、胶体物质、细菌、病毒、微量有机物、重金属，以及会影响再生水质量的溶解性矿物物质。常用的深度净化技术有混凝沉淀、化学除磷、过滤和消毒等。如果需要更高质量的再生水，还可以使用活性炭吸附、离子交换、超滤、反渗透和臭氧氧化等深度处理技术。

污泥制砖　以城市污水处理厂的剩余污泥为原料，先将污泥含水率降至特定值，再结合煤矸石、页岩等物料，在950～1130℃的高温下煅烧，烧制成一种强度、吸水率、放射性物质含量、重金属含量等主要指标符合国家标准的多孔节能砖。高温煅烧将污泥中存在的重金属固化在烧结砖内，消除其未来产生的环境风险。煅烧产生的大量热量可以通过余热锅炉回收、利用，大幅减少热源污染，充分发挥制砖余热的社会经济效益。

新概念污水处理厂　20世纪60年代，美国提出了"21世纪水厂"的概念，也就是将污水处理的标准提高至饮用水卫生标准，这一概念对污水处理的行业发展产生了深远影响。2013年，曲久辉、王凯军、王洪臣、余刚、柯兵、俞汉青六位国内知名环境领域专家提出"建设面向未来的中国污水处理概念厂"的构想，旨在建设一座（批）面向2030～2040年，具备一定规模的城市污水处理厂。2021年10月，首座落地实践的宜兴城市污水资源概念厂投入运行，创新地采用水质净化中心、有机质协同处理中心和生产型研发中心"三位一体"的生态综合体形式建设，大力引领"污水是资源，污水处理厂是资源工厂"的新环保理念，追求"水质永续、能量自给、资源循环、环境友好"的目标，打造生态、生活、生产"三生"共融，开放共享的新型城市空间。

新生水厂　是一种专门设计用于将废水或其他污染水源转化为可用于各种目的清洁水的水处理设施。通过一系列高效的水处理工艺，如初级、次级和高级处理工艺，新生水厂能够去除废水中的污染物、微生物和其他杂质，从而将其转化为高质量的水资源。这种清洁水可以用于供水、工业用水、景观用水、农业灌溉、环境保护、饮用水和其他领域。新生水厂的建设和运营有助于提高水资源的可持续性，减轻人们对自然淡水资源的依赖，特别是在面临水资源短缺和污染问题的地区，新生水厂尤为重要。水质监测和管理、合规性以及公众认知都是确保新生水厂有效运行的重要因素。也就是说，新生水厂建设是一项关键的水资源管理策略，有助于提供清洁水资源，减轻对环境的影响，确保水资源的可持续利用。

新兴污染物　是指排放到环境中的，具有生物毒性、环境持久性、生物累积性，对生态环境或人体健康存在较大风险，但对其尚未纳入管理或现有管理措施不足的有毒有害化学物质，对传统已经被监管的污染物而言较"新"。这些污染物包括我们日常生活中使用的多种化学品，如药品、个人护理产品、杀虫剂、金属、表面活性剂、工业添加剂和溶剂等。目前国际上广泛关注的新兴污染物有四大类：持久性有机污染物，内分泌干扰物，抗生素，微塑料。

消毒 是一种使用化学或物理方法杀灭病原微生物，使其达到无害化的过程。虽然经过砂滤池的处理，水看起来干净，但是还可能存在细菌或病毒。为了确保人们使用的水对健康没有危害，需要向水中加入一些化学物质，例如，加入液态氯、次氯酸盐、二氧化氯等对水进行消毒，这是最常用的消毒方法。另外，用臭氧法和紫外光照射法，也可以有效地杀灭微生物。要注意的是，在使用氯等物质进行消毒的过程中，可能会产生对人体健康有害的物质，所以，还需要检测消毒之后水中氯化物的含量，确保水质安全、健康。